아이와 함께 낭독하고 필사해 보세요.
하루하루가 더 근사해집니다.

매일 한 뼘씩 부모와 아이 마음이 자라는

하루 한 장 365 인문학 일력

1판 1쇄 발행 2020년 12월 9일
개정판 1쇄 발행 2024년 8월 14일
개정판 2쇄 발행 2025년 1월 5일

지은이 김종원
펴낸이 고병욱

펴낸곳 청림출판(주) **등록** 제2023-000081호
본사 04799 서울시 성동구 아차산로17길 49 1010호 청림출판(주)
제2사옥 10881 경기도 파주시 회동길 173 청림아트스페이스
전화 02-546-4341 **팩스** 02-546-8053
홈페이지 www.chungrim.com **이메일** life@chungrim.com **인스타그램** @ch_daily_mom
블로그 blog.naver.com/chungrimlife **페이스북** www.facebook.com/chungrimlife

일러스트 소소하이

ISBN 979-11-93842-10-2 00590

일력 사용법

❶ 며칠인지 확인할 수 있습니다.

❷ 몇 월인지 확인할 수 있습니다.

❸ 오늘의 인문학 문장을 읽으며 마음을 정돈해 봅니다.

❹ 오늘 아이 마음의 온도는 몇 도인지 색칠하게 하고 대화를 나눠보세요.

오늘 하루도 사라지고 있습니다.
사라지는 시간보다 귀한 가치를 아이에게 전해주세요.

차례

31

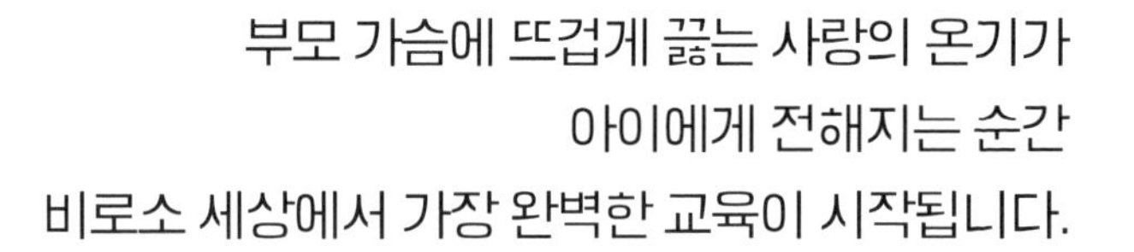

부모 가슴에 뜨겁게 끓는 사랑의 온기가
아이에게 전해지는 순간
비로소 세상에서 가장 완벽한 교육이 시작됩니다.

December

글 **김종원**

다양한 연령층에 인문학을 대중적으로 알린 인문 교육 전문가이자 대한민국 부모들이 가장 의지하고 사랑하는 작가. 마음의 눈으로 세상을 바라보며, 사색과 창작의 결과를 예리하면서도 따뜻한 문장으로 풀어내 약 50만 독자의 마음을 사로잡았다. 인문학은 어렵다는 편견을 깨고 누구나 이해할 수 있는 언어로 옮겨 그 가치를 독자들에게 전하고 있으며, 《부모 인문학 수업》, 《아이를 위한 하루 한 줄 인문학》, 《우리 아이 첫 인문학 사전》 등 100여 권의 책을 썼다.

- **인스타그램** @thinker_kim
- **블로그** https://blog.naver.com/yytommy
- **카페** https://cafe.naver.com/onedayhumanities
- **카카오스토리** https://story.kakao.com/ch/thinker

30

부모의 질문은 아이의 잠든 생각을 깨우는
가장 근사한 지성의 도구입니다.

December

그림 **소소하이**

가족과 함께하는 일상을 따뜻한 시선으로 포착하는 일러스트 작가. 소중하고 행복한 추억의 조각들을 많은 사람과 나누고 싶어 매일 그림을 그린다. 국내외 기업들과 다수의 컬래버레이션 작업을 했으며, 바라만 봐도 마음이 포근해지는 편안한 그림들은 특히 육아맘들에게 큰 사랑을 받고 있다.《세상 쉽고 재밌는 그림 그리기》를 썼고《엄마의 말 연습》,《엄마의 소신》,《주노 신부 장개갔다네》 등에 표지 및 본문 삽화를 그렸다.

- **인스타그램** @sosohi.grim
- **그라폴리오** https://grafolio.ogq.me/profile/sosohi/projects

29

부모에게 단단한 사랑을 받고 자란 아이는
사춘기가 찾아와도 쉽게 흔들리지 않습니다.

December

January

실천의 달

이달의 목표

하루에 10분
아이와 온몸으로 함께 놀기

28

부모가 처음이라,
확실한 것이 정말 아무것도 없어서
외롭고 불안했던 그 모든 나날의 합이
바로 지금 당신의 오늘입니다.

December

1

당신은 아이에게 최선을 다하고 있습니다.
실수도 많고 고칠 점도 많지만
아이를 향한 마음만은 결코 서툴지 않습니다.
"서툰 사람은 있어도 서툰 마음은 없습니다."

January

27

부모도 사람이니 분노할 수 있고
아이에게 미운 감정이 들 수도 있습니다.
중요한 건 일관된 말과 행동이 아니라
아이를 대하는 마음 중심에 자리 잡은 사랑입니다.

December

2

한순간의 분노로
오랫동안 노력한 것이 사라지는 것만큼
아쉬운 것은 없습니다.

January

26

부모는 아이에게 너무 완벽한 것을 바랍니다.
"저 부분만 보완하면 완벽할 텐데"라는 욕심이
이미 충분히 성장한 아이를 자꾸 힘들게 합니다.

December     

3

부모가 자기 삶을
귀하게 여기며 정성을 다할 때,
아이의 모습도 부모가 원하는
모습으로 변할 수 있습니다.

January

25

거리에는 시차가 있지만,
마음에는 시차가 없습니다.
부모와 아이는
아무리 멀리 떨어져 있어도
늘 서로를 가장 가까이
느끼고 있습니다.

December

4

"에이, 네가 그걸 할 수 있겠어?"
아이에게 이런 말은 하지 마세요.
아이가 지금 실천하는 모든 것은
꿈을 이루기 위한 근사한 힘이 될 것입니다.

January

24

사랑하는 아이에게 말해주세요.
"너라서 사랑하는 거란다."
"네가 잘할 때도 못할 때도
늘 같은 마음으로 사랑해."
"너와 같이 있는 시간이
어느 때보다 소중해."

December

5

툭하면 우는 아이를 나무라지 마세요.
화를 내고 속상한 마음을 표현하는 것도
자꾸 해봐야 잘하게 됩니다.

January

23

아이를 생각하며 마음 아파하는 당신의 순결한 영혼이
어떤 육아법이나 훌륭한 환경보다 위대합니다.

December

6

부모가 자기 삶의 중심을 잡으면
아이는 그걸 보며 흔들리지 않는 법을 배웁니다.
그리고 어느 날 당신의 아이는
빛나는 눈으로 당신의 삶을 존경한다고 말할 거예요.

January

22

부모의 사소한 한마디가
아이의 삶에 결정적인 영향을 미칩니다.
그래서 아이와의 대화는
시작부터 끝까지 최선을 다해야 합니다.

December

7

부모는 많이 아는 사람이 아니라
자주 안아주는 사람입니다.
많은 지식을 전하는 사람이 아니라
뜨거운 사랑을 전하는 사람입니다.

January

21

아이가 알 때까지 사랑을 전해야 합니다.
부모가 아무리 자식을 사랑했다고 말해도
그 사랑을 아이가 모른다면
부모의 사랑이 부족한 것입니다.

December

규칙을 지키라는 말, 사이좋게 지내라는 말,
배려를 실천하라는 말, 그 모든 말은
아이를 위한 것인가요, 부모 자신을 위한 것인가요?
나는 아이에게 강요한 말을 일상으로 실천하고 있나요?

January

20

당신은 아직도 참 좋을 때입니다.
자신에게 좋은 음식을 선물하고,
예쁜 옷도 입으면서 일상을 즐기세요.
당신이 행복해야 아이도 행복합니다.
당신은 그래도 됩니다.

December

9

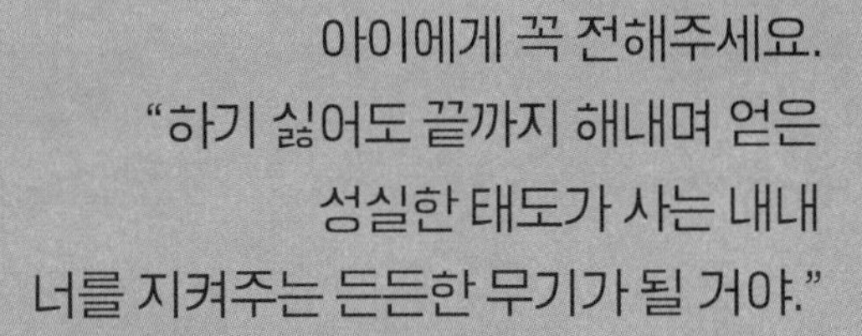

아이에게 꼭 전해주세요.
“하기 싫어도 끝까지 해내며 얻은
성실한 태도가 사는 내내
너를 지켜주는 든든한 무기가 될 거야.”

January

19

교육이란 사랑을 전하고
그것을 느끼는 일입니다.
지금 당신의 앞에 선 아이에게
그것을 전해주세요.

December

10

이미 늦었다고 생각할 때도
당신이 시작하지 않는다면,
실패할 기회조차 잃게 됩니다.
오늘 아이에게 사랑을 표현해 보세요.

January

18

세상은 자꾸만 변하고
유혹은 우리를 시험하지만
그럼에도 우리가
중심을 잃지 않고 살 수 있는 이유는
무엇과도 바꿀 수 없이 소중한
아이를 향한 사랑 덕분입니다.

December     

11

세상이 갈대처럼 흔들릴수록
부모는 바위처럼 무거워져야 합니다.
세상이 끈질기게 유혹할수록
부모는 바람처럼 유연해져야 합니다.

January

17

삶의 가장 큰 행복은
사랑받고 있다는 확신에서 옵니다.
오늘도 아이에게 말해주세요.
"나는 늘 널 사랑한단다."

December

12

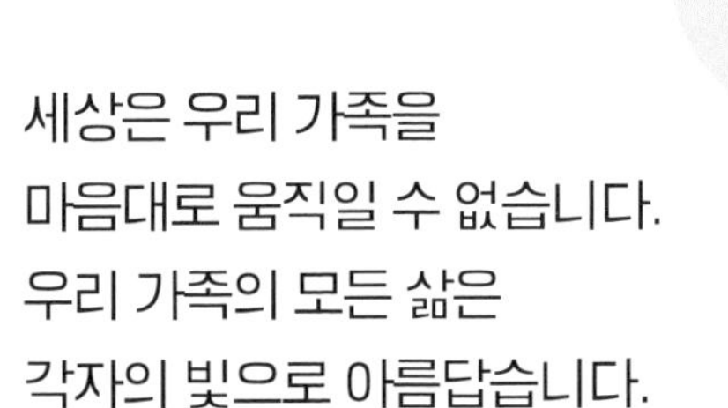

세상은 우리 가족을
마음대로 움직일 수 없습니다.
우리 가족의 모든 삶은
각자의 빛으로 아름답습니다.

16

지금 숨 쉬는 '이 순간'과 살아 움직이는 '이 뜨거운 몸'과
세상에 굴복당하지 않는 '이 강한 마음'이
우리가 가진 전부입니다.
내 아이와 내게 주어진 이 시간을 뜨겁게 사랑하세요.

December

13

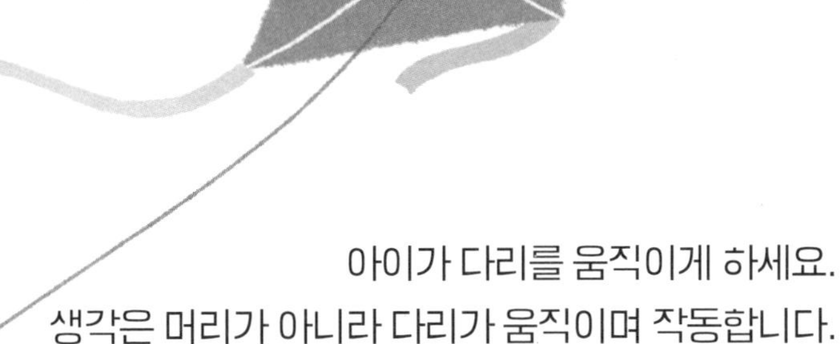

아이가 다리를 움직이게 하세요.
생각은 머리가 아니라 다리가 움직이며 작동합니다.
가만히 앉아있으면 생각도 가만히 굳어버립니다.

January

15

부모가 아이를 이끌 때 자주 길을 잃고
아픈 이유는 힘껏 노력하기 때문입니다.
아프고 힘들어도 멈추지 않도록 자신을 믿어보세요.
사랑하는 사람은 멈추지 않습니다.

December

14

생각이 다르다고 주눅 들 필요는 없어요.
모두가 다른 의견을 가질 권리가 있고,
모든 아이는 달라서 특별합니다.

January

14

부모가 얼마나 고생하고 있는지,
얼마나 분투하고 있는지 아이도 다 알고 있습니다.
부모의 손길 하나하나에 사랑이 묻어있기 때문이죠.

December

15

아침에 일어나야 할 시간에 미루지 않고
이불을 박차고 일어날 수 있다면
그 아이의 일상은 굳이 보지 않아도 알 수 있습니다.
부모의 개입 없이도 뭐든 스스로 해낼 테니까요.

January

13

어른들에게는 당연한 일들이 아이에게는 낯설 수 있습니다.
아이가 이해할 때까지 인내심을 갖고 설명해 주세요.

December     

16

책에서 얻은 지식은
입이 아니라 삶에서 나와야 합니다.
아이가 실천까지 나아갈 수 있도록
옆에서 문을 열어주세요.

January

12

아이를 이기려고 하지 말고 조금 더 보려고 노력하세요.
아이를 누르려고 하지 말고 조금 더 들으려고 노력하세요.
이것이 바로 사랑의 공식입니다.

December

17

아이를 바라보는 시선을 조금 바꾸면
단점이라고 생각했던 부분이
내 아이만의 장점이었다는 사실을 깨닫게 됩니다.
그건 부모가 가장 잘할 수 있는 일입니다.

January

11

아이는 '집 밖에서 따뜻한 부모'가 아닌
'집 안에서 따뜻한 부모'를 원하고,
'집 밖에서 대단한 부모'가 아닌
'집 안에서 대답하는 부모'를 원합니다.

December

18

부모는 아이에게 뛰어갈 다리와
심장은 줄 수 있지만
열심히 뛰어 심장을 흔드는 건
아이의 몫입니다.

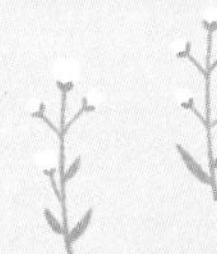

January

10

당신이 사랑하지 않거나 당신을 사랑하지 않는 것은
당신의 삶에 어떤 영향도 주지 못합니다.

December

19

부모의 한계는 결국 아이의 한계로 이어집니다.
모든 것을 할 수 있는 아이로 만들고 싶다면
부모가 먼저 강한 자신감을 가져야 합니다.

부모라는 이유로
완벽한 사람이 될 필요는 없습니다.
단지 내 아이를 사랑하는
마음 하나면 충분합니다.

December

20

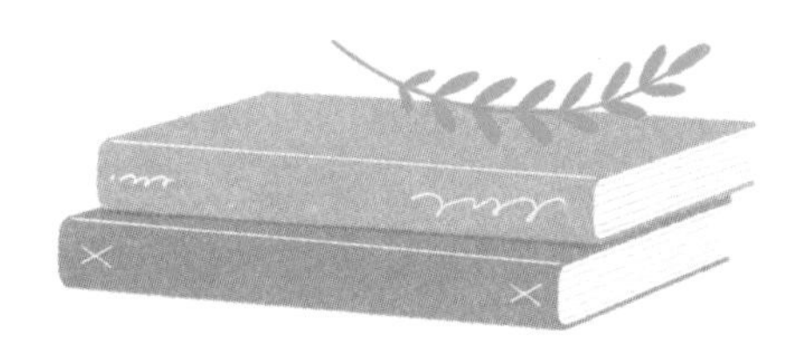

우리의 삶은 단어로 이루어져 있습니다.
단어가 모여서 문장이 되고
문장이 반복되며 책이 되는 것처럼,
아이의 인생도 부모가 반복해서 들려주는
한마디 말이 매일 조금씩 결정하고 있죠.

8

아이와 오래 함께 있어주지 못하는
자신을 원망하지 마세요.
더 좋은 환경을 제공하지 못하는
현실에 아파하지 마세요.
당신은 지금 그대로도
충분히 훌륭합니다.

December

21

아이가 구사하는 현재 언어 수준은
부모의 언어 수준을 뛰어넘을 수 없습니다.
“부모의 성장이 곧 아이의 성장입니다.”

January

7

사랑해야 가르칠 수 있고
존경해야 그 사랑을 내 안에 담을 수 있습니다.
그렇게 한 사람이 아름답게 성장합니다.

December

22

아이는 늘 믿고 의지하는
부모와 함께한 마지막 장면을
마음에 품고 잠에 빠져듭니다.

January

6

이유식을 만들고 기저귀를 닦는 것도 길어야 3년이고,
묻고 또 묻는 질문에 답해주는 일도 길어야 5년입니다.
그러나 이 모든 일을 제대로 해주지 못했다는
죄책감과 후회는 평생 사라지지 않습니다.

December

23

아이에게 부모는 삶의 전부입니다.
그리고 또 하나 꼭 기억해야 할 건,
아이에게 당신이 전부인 시간이
결코 영원하지 않다는 사실입니다.
오늘도 하루도 이렇게 사라지고 있습니다.

January

5

한 가정의 구성원이
모두 단단한 내면의 소유자가 되어야
비로소 그 안에서 사랑과 기쁨이라는
꽃이 피어날 수 있습니다.

December

24

아이가 10분 동안 만화책을 봐도 괜찮습니다.
중요한 건, 10분이라는 시간 동안
무언가를 할 수 있다는 사실을 아이에게 알려주는 것입니다.

January

우리는 사랑한 만큼 알게 되며,
그때 알게 되는 것은 사랑하기 전과 다릅니다.
사랑의 크기가 곧 배움의 크기입니다.

December

25

불가능한 모든 것에 가능성을 허락하세요.
아이의 관점과 시야를 확장하려면
부모가 먼저 더 다양한 관점으로
넓은 세상을 바라볼 수 있어야 합니다.

January

3

'내가 정말 아이를
올바르게 기르고 있는 걸까?'
이런 생각에 마음 아플 때가 있습니다.
그러나 너무 걱정 마세요.
질문한다는 것은 옳은 방향으로
가고 있다는 증거입니다.

December

26

세상에 당연한 것은 없습니다.
아이의 일상에 물음표와 느낌표를 가득 채워주세요.
오늘의 햇살은 분명 어제의 햇살과 다릅니다.

January

2

주는 것만으로 만족하지 마세요.
받는 것까지가 사랑의 완성입니다.
아이 마음에 도착해야
사랑을 전했다고
말할 수 있습니다.

December

27

내게 아이가 있다는 건 기적입니다.
아이가 내 사소한 행동으로
다른 삶을 살게 된다는 것도 기적입니다.
부모는 매일 기적을 목격하는 사람입니다.

1

‘사랑’이라는 단어는
‘나중에’라는 의미를 담고 있지 않습니다.
오직 현재, 바로 이 순간이
사랑을 실천하기 가장 좋은 때입니다.

December

28

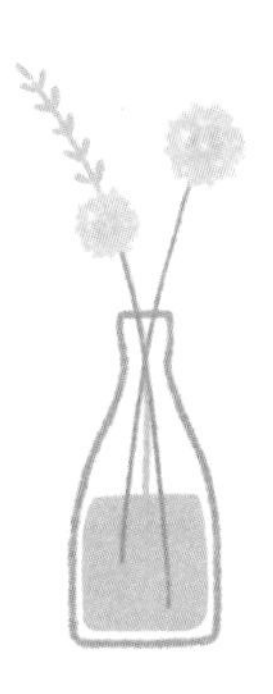

모든 게 다 좋아지고 있습니다.
당신과 아이 모두 잘 살고 있습니다.
그러니 오늘은 잠시라도 나를 위해서 살아보세요.
당신은 그럴 자격이 충분합니다.

January

December

사랑의 달

이달의 목표

자기 전에 아이에게
꼭 사랑한다고 말해주기

29

당연한 것을 자꾸 묻는 아이는
사실은 이렇게 말하고 있는 것입니다.
"조금 더 사랑받고 싶어요."
"같이 이야기 나누고 싶어요."
"저 여기에 있어요."

January

30

당신이 가진 가장 귀한 마음을
아이와 눈을 맞추며 나눠보세요.
그러면 아이는 세상에서 가장 값진
사랑이라는 보물을 갖게 될 것입니다.

November

30

아이 스스로 자기 방에 있는 가구의 위치를 바꾸고
집 안에 있는 꽃을 가꾸게 하세요.
간혹 엄청난 실수도 경험할 거예요.
하지만 아이는 실수를 통해 책임감을 배웁니다.

29

아이에게 매일 벅찬 사랑을 전해주세요.
아이는 그 넘치는 사랑을 받아먹고 삽니다.
사랑은 오직 부모만이 줄 수 있고,
아이를 가장 근사하게 키우는 최고의 양식입니다.

November

31

화목한 가정은
지혜롭게 싸우고,
근사하게 화해합니다.

January

28

아무리 힘든 일이 생겨도
최선을 다해 준비한 사람은
불안하지 않습니다.

November

February

언어의 달

이달의 목표

하루에 한 번 아이가 모르는
단어의 뜻을 함께 찾아보기

27

사색은 하나의 생각에 깊게 잠기는 것입니다.
그 사색 끝에 가장 근사한 질문이 탄생합니다.

November

1

아이는 타인의 말을 받아쓰기 위해서가 아니라
자신이라는 시를 쓰기 위해 이 세상에 태어났습니다.

February

26

"너는 어느 쪽이야?" "네 것이 좋아, 내 것이 좋아?"
하나를 강요하는 듯한 질문은 억압이 될 수 있습니다.

November

2

육아의 끝은 결국 자신을 향한 사랑입니다.
자신을 놓지 않고 유지한 사람만이
이 힘든 시간을 웃으며 간직할 수 있죠.
당신은 생각보다 더 괜찮은 부모입니다.

February

25

주변 사람을 의식하면 내 생각을 주입하게 되지만
아이를 생각하면 기다릴 용기를 낼 수 있습니다.

November

3

아이는 두 번 태어납니다.
부모의 사랑으로 세상에 태어나고,
부모의 말로 다시 한번 태어나
완벽해집니다.

February

24

질문으로 자신의 욕구를
제어할 수 있는 아이는
온갖 유혹에 빠져 보채거나
떼를 쓰지 않습니다.

November

4

육아는 아이를 키우는 과정이 아니라,
내가 부모로 성장하는 과정입니다.
아이도 크고 있지만 나도 크고 있습니다.

February

23

아이를 강제로 바꿀 수는 없습니다.
아이 스스로 필요성을 자각해야만
진정으로 바뀔 수 있습니다.
그리고 그런 기적은 질문으로만 가능합니다.

November

5

시대를 호령한 대가의 위대한 지식이 아닌
부모의 사소한 표현 하나가 아이의 인생을 바꿉니다.

February

22

"나는 오늘 하루를
어떤 마음으로 살 것인가?"
"내게 중요한 가치는 무엇인가?"
"포기할 수 없는 나의 꿈은 무엇인가?"
세 가지 질문의 답이 하루를 대하는
나의 철학을 결정합니다.

6

"남들처럼만 하고 살아라"라는 말은
"적당히 노력하고 아무 생각도 하지 말아라"라는
최악의 삶을 추천하는 것과 마찬가지입니다.
"너의 삶을 살아라"라고 말해주세요.
그러면 아이의 삶은 특별해집니다.

February

21

현명한 선택은
삶의 중심을 잡아주는 역할을 합니다.
그런 삶을 살기 위해서는 무언가를 선택할 때마다
"이게 정말 필요한 것인가?"라는 질문을
자신에게 던져야 합니다.

7

세상에서 가장 멋진 교훈일지라도
그것을 주입하는 순간 가치를 잃습니다.
아이가 스스로 깨닫는 것이 중요합니다.

February

20

간섭이 아닌 관심에서 나온 질문이
아이의 지적 성장을 자극합니다.

November

8

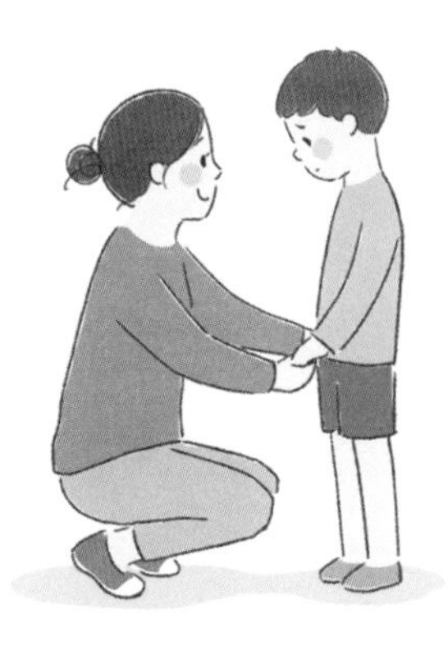

아이들에게 필요한 건
'평가의 언어'가 아니라 '공감의 언어'입니다.
자신의 삶을 원하는 대로 주도하는 아이로 키우고 싶다면
공감의 언어를 자주 사용해 보세요.

February

19

세상에서 가장 멋진 사실 하나,
부모가 힘을 내면 아이도 힘을 냅니다.

November

9

부모는 아이의 말과 행동에서
의미를 발견하는 사람입니다.

February

18

부모도 아이도 완벽할 수 없습니다.
우리가 추구해야 할 완벽은 오직 하나,
서로를 향한 사랑입니다.
그것을 느낄 수 있다면
우리는 서로에게
가장 완벽한 존재입니다.

November

10

당신은 그저 아이를 사랑할 뿐입니다.
그 사랑을 굳이 좋은 부모가 되는 것과
완벽한 육아로 연결시키지 않아도 됩니다.

February

17

아무리 풍부한 지식을 갖고 있어도
'틀리다'라는 시선으로 바라보는 사람에게는
공감이라는 특별한 선물이 주어지지 않습니다.
'다르다'라고 생각해 보세요.

November

11

아이가 말을 느리게 한다고 걱정하지 마세요.
질문을 준비하는 아이는 고요한 상태에서
자기 생각을 풀어내기 위해
자꾸만 말이 느려집니다.

February

16

아이의 일상을
지혜로운 자극으로 채우는 것은
부모가 할 수 있는
가장 아름다운 일입니다.

November

12

부모는 눈만 뜨면 아이를 봅니다.
가끔은 그 눈을 자신에게 돌려야 합니다.
내 아픔, 내 결핍, 내 꿈을 안아주세요.

February

15

아이가 어떤 질문을 하더라도 진지하게 답해주세요.
부모는 사소하게 생각할 수도 있지만
아이에게는 전혀 사소하지 않습니다.
작은 것이 쌓여 아이의 삶을 결정합니다.

November

13

부모의 역할은
아이라는 꽃밭에 씨앗을 심는 게 아니라,
이미 존재하는 씨앗을 꽃으로 자라나게 해주는
비료 역할을 하는 것입니다.

February

14

억지로 경청을 강요하지 말고,
아이가 잘 들을 수 있는 상황을 포착해서
마음에 닿을 수 있는 표현을 전달해 보세요.

November

14

부모의 언어는 아이의 삶을 빚는 철학이어야 합니다.

February

13

아이 입에서 나온
대답의 수준을 높이고 싶다면
부모가 먼저 스스로
질문의 수준을 높여야 합니다.

November

15

세상에서 가장 힘이 센 사람은
무거운 물건을 들 수 있는 사람이 아니라,
성난 분노를 내려놓을 수 있는 사람입니다.
차분하게 감정을 제어하는 모습을
아이에게 자주 보여주세요.

February

12

아무런 질문 없이
혼자 생각에 빠진 아이를 나무라지 말아요.
아이는 조용히 자신의 생각을 단련하는 중입니다.

November

16

부모가 아름다운 음악을 들려주면
아이는 자기 삶의 근사한 연주자가 됩니다.

February

11

질문은 세상을 향해 던지는
크고 강력한 그물망입니다.
질문하는 자만이
지혜를 얻을 수 있습니다.

November

17

언어의 뜻을 제대로 이해하고
정확하게 표현할 줄 아는 아이는
하나를 배우면 그 하나를 무척 잘 이해하며
오랜 기간 기억합니다.
무엇도 외울 필요가 없는 인생을 살게 됩니다.

10

관찰이 일상이 되게 하려면
아이가 용도를 아직 모르는 물건을 하나 주면서
"무엇에 사용하는 물건일까?"라는
질문을 던져 관찰하게 하세요.

November

18

지금 당장은 힘들고 버겁지만,
아이를 키우는 시간은 생각보다 길지 않습니다.
마음껏 사랑하고 충분히 즐기며
하루하루를 행복하게 보내세요.

February

9

줄기 끝에 달린 화려한 꽃은 참 아름답습니다.
하지만 땅속 깊이 잠든 뿌리까지 봐야
비로소 한 송이의 꽃 전부를 이해할 수 있습니다.

November

19

부모가 아이에게 준 마음은
결국 다시 부모에게로 돌아옵니다.

February

어떤 것의 가치는
그걸 바라보는 사람의 마음이 결정합니다.

November

20

부모의 말이 아이에게는 생명입니다.
나는 오늘 어떤 생명을 아이와 나눴나요?

February

7

부모가 아이에게 던지는 질문은
경쟁에서 이기려는 것이 아닌,
경쟁에서 벗어나려는 관점에서 시작해야 합니다.

November

21

아이에게 필요한 교육 정보를
이제 다른 곳에서 찾지 마세요.
세상에서 가장 소중한 모든 정보는
아이의 두 눈 속에 있습니다.

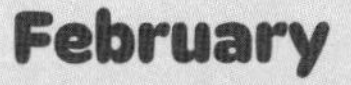

6

한계 없이 질문해야
한계를 극복할 답을 찾을 수 있습니다.

November

22

엄마들과의 모임에서 많은 정보를 얻을 수 있지만,
정말 중요한 건 아이와 함께 있는 시간입니다.
불편하다고 느끼면서 굳이 모임에 나갈 필요는 없습니다.

February

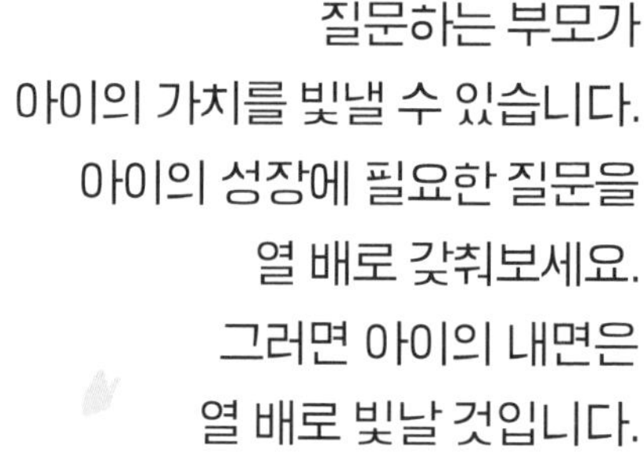

질문하는 부모가
아이의 가치를 빛낼 수 있습니다.
아이의 성장에 필요한 질문을
열 배로 갖춰보세요.
그러면 아이의 내면은
열 배로 빛날 것입니다.

November

23

부모는 사랑의 언어로
아이 마음에 다가서야 합니다.
오직 그 방법만이
아이를 움직이기 때문입니다.

February

4

매일 하루를 시작할 때
스스로 어떤 사람이 되고 싶은지
질문해 보세요.
어떤 부모가 되고 싶은지
스스로에게 물어보세요.

November

24

집에서 자신의 세계를
자유롭게 창조하는 아이보다
더 행복한 사람은 없습니다.

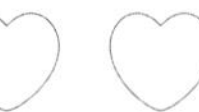

3

부모의 말은 아이가 살아갈 아름다운 정원입니다.
아이에게 세상에서 가장 멋진 정원을 선물해 주세요.
부모가 사랑으로 던진 질문은 그 정원의 꽃으로,
믿음과 소망으로 던진 질문은 근사한 연못으로 태어납니다.

November

25

고성과 감정이 앞선 화풀이는
훈육이 아닙니다.
내가 들어도 괜찮은 말을
아이에게도 들려주세요.

February

2

가능성은 문을 여는 것과 같습니다.
누구에게나 가능성이 있습니다.
아이의 한계를 정하지 마세요.

November

26

당신이 오늘도
열심히 하루를 사는 만큼,
아이도 주어진 하루에
최선을 다하고 있습니다.

February

1

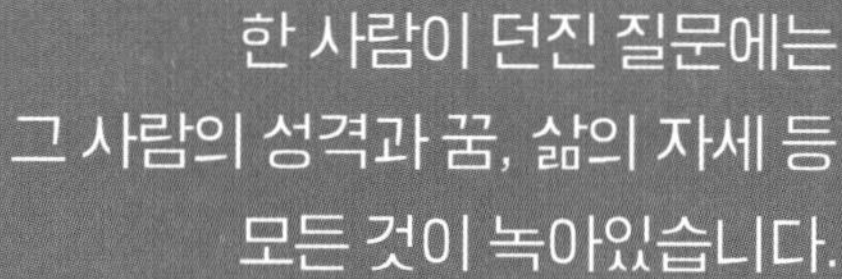

한 사람이 던진 질문에는
그 사람의 성격과 꿈, 삶의 자세 등
모든 것이 녹아있습니다.

November

27

제대로 쓰는 아이는 제대로 말할 수 있습니다.
말하기 수업을 아무리 많이 들어도
쓰기 능력이 없으면 생각을 조리 있게 말하기 힘듭니다.
'글로 쓸 자기 생각'이 없기 때문이죠.

February

November

질문의 달

이달의 목표

아이의 질문에
최대한 성의 있게 대답해 주기

28

아이에게 어떤 조언을 하기 전에,
부모가 가장 먼저 해야 할 일은
지금까지 참 잘했다는 사실을 전하는 것입니다.

February

31

아이를 사랑한다면
당신 스스로가 '꿈과 용기를 주는 한 사람'이 되세요.
"그런 꿈을 가진 네가 참 자랑스러워."
한 마디만 다르게 말해도 아이의 삶을 바꿀 수 있습니다.

October

March

내면의 달

이달의 목표

매일 10분씩
마음을 정돈하는 시간 갖기

30

아이가 사소한 장점도
스스로 자랑스럽게 생각하면,
그것은 자신에 대한
자부심으로 이어집니다.

October

1

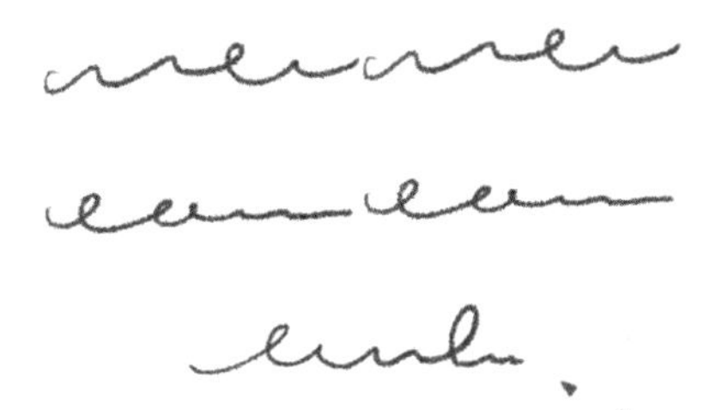

내 삶에 필요 없는 것이 침입하는 순간,
우리는 삶의 균형을 잃습니다.
누군가의 육아 조언보다 중요한 건 나의 생각입니다.

March

29

아이가 혼자 놀 때 지켰던 룰을
함께 놀 때도 지키게 하세요.
그리고
함께 놀 때 배운 삶의 자세를
혼자 놀 때도 지키게 하세요.

October

2

아이는 자신을 바라보는
부모의 눈빛을 보며,
자신의 가치를 측정하게 됩니다.

March

28

경청과 공감은 결국 하나입니다.
아이의 말을 제대로 들어야
아이의 마음도 제대로
알 수 있습니다.

October

3

아이가 모든 것을
기억하지는 못합니다.
하지만 어느 날 어느 순간,
부모가 준 따스한 말의 온기는
평생 잊지 않고 기억합니다.

March

27

내 생각을 있는 그대로 말하는 방법을 먼저 알려주세요.
논리적이고 창의적으로 말하는 법은
시간의 흐름과 경험을 통해 갖출 수 있습니다.

October

책임감은 곧 깊은 사랑을 뜻합니다.
부모가 주어진 모든 책임을 실천하는 가정에는
평화가 깃들고 아이들도 근사하게 성장합니다.

March

26

현재 자신의 가능성을 믿는 사람은
자신을 함부로 방치하지 않습니다.
자신을 누구보다 소중한 손님으로 생각해서
좋은 언어와 태도로 극진하게 대하죠.

October

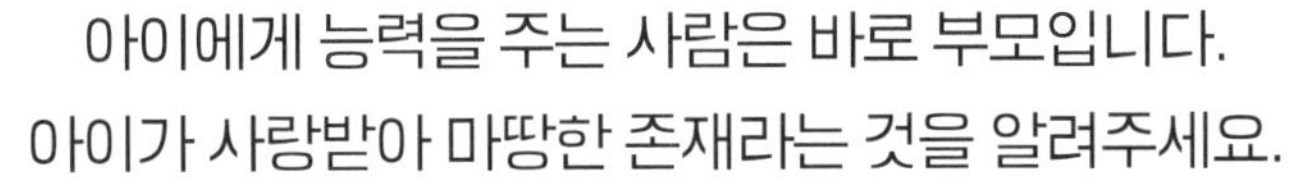

아이에게 능력을 주는 사람은 바로 부모입니다.
아이가 사랑받아 마땅한 존재라는 것을 알려주세요.

March

25

부모가 아이를 통제하는 것은
아주 일시적인 만족일 뿐입니다.
잠깐 착한 아이처럼 만들 수 있고,
잠깐 우등생으로 만들 수 있지만
아이를 바꿀 수는 없습니다.

October

6

스스로 펜을 세운 아이는
결코 세상의 바람에 흔들리지 않습니다.

March

24

우리는 모두 가진 게 많은 사람입니다.
힘들어도 멈추지 않고 달려온 '세월'.
믿고 응원하고 지지하는 '가족'. 조금씩 키운 소중한 '꿈'.
이토록 빛나는 것들을 가지고 있으니까요.

October

7

부모는 자신이 아이를
매일 용서한다고 생각하지만,
사실 부모는 매일
아이의 용서를 받고 있습니다.

March

23

아이에게서 보고 싶은 모습을 부모가 먼저 실천하세요.
부모가 자신의 삶을 살면
아이도 저절로 자신의 삶을 살게 됩니다.

October

8

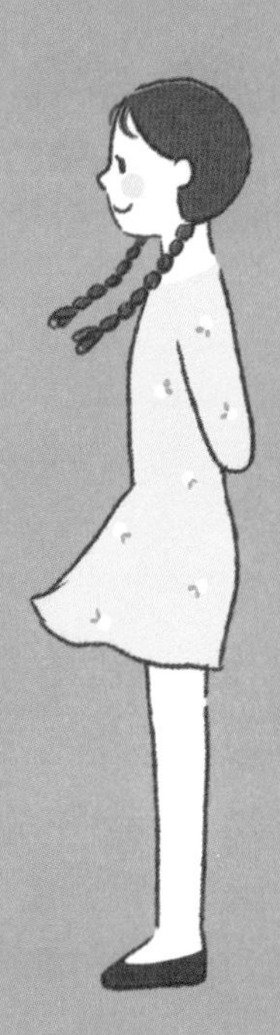

자존감이 높은 아이로 키우세요.
세상이 정한 수치나 칭찬과 격려에
반응해서 결정되는 것이 자신감이라면,
자존감은 내면이 스스로 결정하여
움직이는 것입니다.

March

22

산만한 아이는
동시에 다양한 곳에
시선을 줄 수 있는 아이입니다.
조금 다른 각도에서 바라보면
아이의 단점은 모두 장점이 됩니다.

9

아이가 자신의 삶을 살게 하세요.
그럼 아이는 타인의 소리가 아닌
내면의 소리에 귀를 기울이며
살게 될 것입니다.

March

21

아이가 있기에 가장 좋은 장소는 '부모'라는 방입니다.
부모의 품은 아이에게
가장 순결하고 평온한 공간이 되어야 합니다.

October

10

내면이 강한 아이로 키우고 싶다면
바깥의 안부를 묻는 것보다
내면의 안부를 묻는 것이 중요합니다.

March

20

더 나은 답을 위한
방법을 찾고 있는데
부모가 자꾸 결과만 요구하면
아이는 모든 과정을 지우고 결과만 내놓습니다.
그렇게 아이는 생각하지 않는 사람으로 성장합니다.

October

11

아이를 조립하겠다는 욕심에서 벗어나
아이가 스스로 자신을 완성할 수 있게 해주세요.
그것이 아이를 사랑하는
부모가 할 수 있는 최선의 방법입니다.

March

19

때로는 '세상이 말하는 정답'이 아니라
'마음에 맞는 말'이 필요합니다.
공감이 가장 큰 힘을 줍니다.

October

12

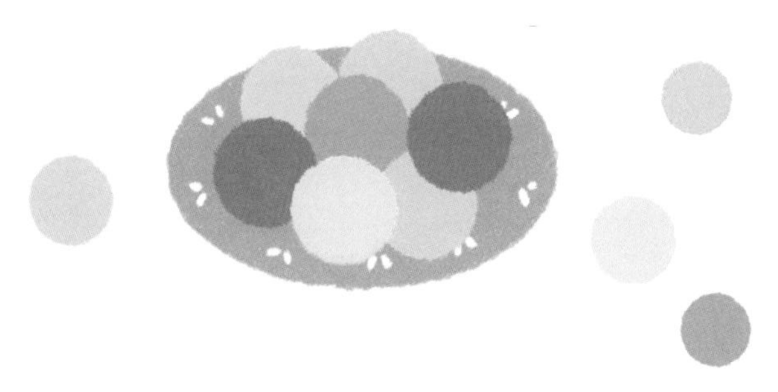

당신의 인생은 사라진 게 아닙니다.
아이에게로 가서 고스란히 쌓여있으니까요.
아이는 당신이 준, 그 모든 사랑을 기억하고 있습니다.

18

아이는 가끔 생각지도 못한 부분에서
감동적인 말을 해서 기쁨을 줍니다.
그러나 그건 그냥 나온 말이 아닙니다.
과거에 부모가 자신에게 들려준 말을
그대로 돌려주고 있는 것입니다.

13

아이에게 매 순간 친절과 양보를 강요하면
아이는 평생 착한 사람이라는
가면을 쓰게 될 수도 있습니다.

17

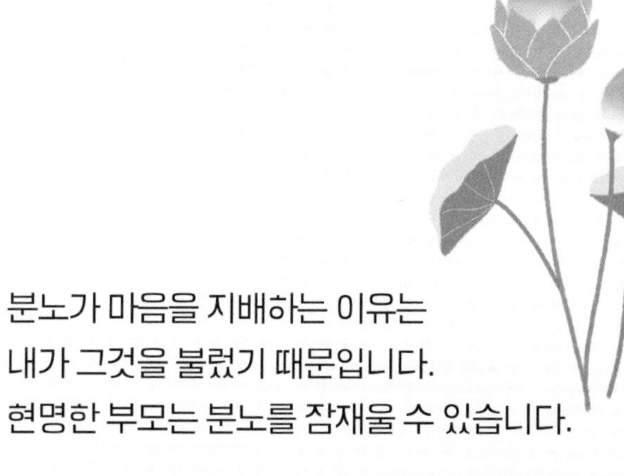

분노가 마음을 지배하는 이유는
내가 그것을 불렀기 때문입니다.
현명한 부모는 분노를 잠재울 수 있습니다.

October

14

안아주고 사랑하며 아이의 내면에 접속할 때,
부모는 아이 삶에 멋진 영향을 주는
지혜로운 스승이 될 수 있습니다.
아이를 위한 가장 훌륭한 스승은 부모입니다.

March

16

세상이 정한 수백 가지 방법이 아닌
'내가 정한 한 가지 방법'을 가지고 있다는 게 중요합니다.

October

15

자존감이 약한 부모는 결국
아이를 힘으로 제압하려고 합니다.
"너 공부하라고 했지!"라는 말로
마치 노예에게 명령하듯 찍어 누릅니다.
스파르타식 공부는
아이를 노예로 만드는 지름길입니다.

March

15

부모의 섬세한 사랑의 말로 보살핌을 받은 아이는,
덜 울고 덜 분노하는 사람으로 성장합니다.
다정다감한 부모의 온기가 혼란 속에서도
아이의 내면을 안정시키기 때문입니다.

October

16

아이가 실수로 물을 흘렸을 때
그걸 '혼낼 지점'으로 생각할 수도 있지만,
닦는 법을 알려주며 '배움의 기회'로
멋지게 활용할 수도 있습니다.

March

14

말이 너무 많은 부모는 아이 입을 닫게 하고,
주관이 없는 부모는 아이를 흔들리게 하고,
강압적인 부모는 아이를 약하게 만듭니다.

October

17

모든 아이는
목표를 이뤄낼 힘이 있습니다.
그 힘의 원천은 부모의 말과 눈에서 나오죠.
내 아이에게 지금 당장 줄 수 있는 최고의 재산은
바로 사랑을 전하는 눈빛입니다.

March

13

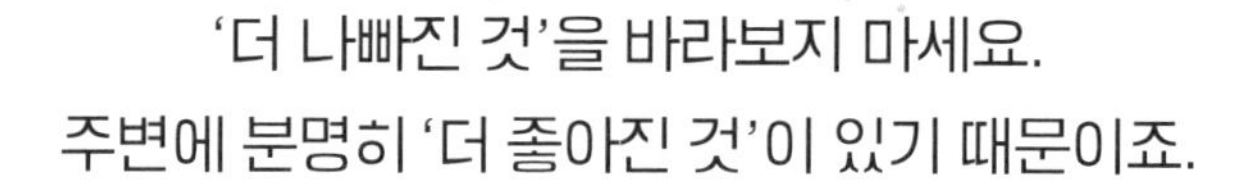

'더 나빠진 것'을 바라보지 마세요.
주변에 분명히 '더 좋아진 것'이 있기 때문이죠.

October

18

아이와 매일 자주 웃는 하루를 보내세요.
"행복은 강도가 아닌 빈도입니다."

March

12

어른이 되면 저절로 나아지는 것이 아닙니다.
진정한 어른의 자세를 가진 부모에게 배울 때
아이의 문제는 나아질 수 있습니다.
기억하세요.
세상에 저절로 나아지는 것은 없습니다.

19

아이에게 보여주고 싶은 것을
부모 자신의 일상에서 실천하세요.
세상에서 가장 완벽한 미리보기는
스마트폰 화면이 아닌 부모의 삶에 존재합니다.

March

11

같은 운명을 타고난 사람이라 할지라도
예쁘게 말하는 말버릇 하나로 삶을 바꿀 수 있습니다.

October

20

인간의 한계를
정확히 가르쳐주는 부모는 현명합니다.
그럼에도 인간은 도전해야 한다는
사실을 가르쳐주는 부모는 위대합니다.

March

10

인간에게 중요한 것은 자연에 감동하고
그 변화의 흐름을 소중한 마음으로 사랑하고
자연에게서 배우기를 간절히 소망하며
늘 경탄하는 자세로 사는 것입니다.

October

21

진정한 자신을 만나기 위해서는 혼자 있어야 합니다.
천재라고 불린 이들이 그랬던 것처럼
당신의 아이가 혼자 있는 시간의 달콤함을 즐기게 두세요.

March

9

기품이 흐르는 삶을 살기 위해서는
'함께'라는 단어를 가슴에 넣고 살아야 합니다.
어떤 유혹도 손을 잡은 두 사람을 이길 수는 없습니다.

October

22

세상에 아이를 키우는 것만큼 힘든 일은 없습니다.
하지만 육아만큼 나를 감동시키는 것도 없죠.
오늘도 사랑한다고 말할 수 있는
내 아이가 있어서 행복합니다.

March

8

부모가 아이를 바라보는 동안,
아이도 부모를 바라보고 있습니다.
그렇게 우리는 지금도 서로가 서로에게 배우고 있죠.

October

23

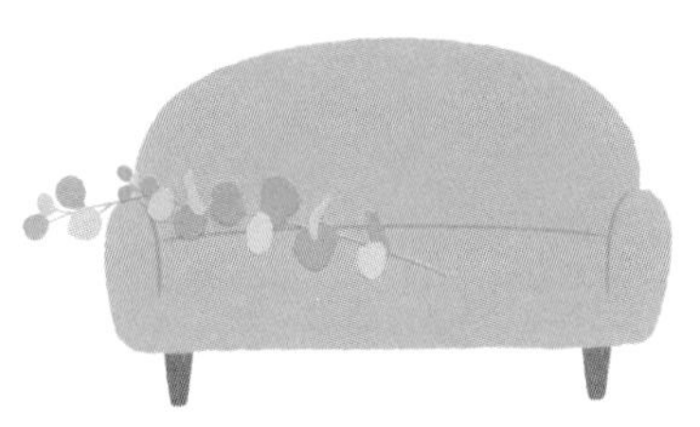

당신은 당신의 방식대로 이미 잘하고 있습니다.
정말로 중요한 것은 그 길에서 흔들리지 않고
끝까지 자신을 믿고 가는 것입니다.

March

7

진실한 배려만이 마음을 움직입니다.
행복이라는 정거장에 도착하려면
'배려'라는 열차에 올라타야 합니다.

October

24

세상이 아무리 좋다고 부추기는 것이라 해도,
나는 나만의 철학을 포기하지 않습니다.
나는 내 아이를 나만의 방식으로 잘 기르고 있으며,
이 길의 가치를 굳게 믿습니다.

March

처음부터 빛나고 화려한 일은 없습니다.
빛나서 하는 게 아닙니다.
꾸준히 하다 보면 빛이 납니다.

October

25

늘 같은 주제로만 대화를 나누면,
늘 같은 생각만 하는 사람으로 자라게 됩니다.
부모의 질문은 아이의 내면을
다채롭게 빛내는 기적의 열쇠입니다.

March

5

못된 말과 행동이 우리 몸에
상처를 내는 것은 아니지만,
그것은 우리의 몸과 마음을 더럽힙니다.

October

26

지혜로운 부모는 아이에게 이런 말을 자주 들려줍니다.
"너는 충분히 가치 있는 사람이란다."
아이는 부모가 전한 신뢰의 눈빛을 평생 기억합니다.
그것이 한 사람을 빛나게 하는 힘의 원천이 됩니다.

4

다른 부모들의 말에 휘둘리지 마세요.
물론 타인의 의견도 들을 줄 알아야 합니다.
하지만 그건 내 주관을 세운 이후의 일이죠.
서툰 경청은 오히려 내면을 망치는 결과로 나타납니다.

October

27

지금 당신 앞에 선 작은 아이에게
마음대로 분노하고 명령하고,
그 아이를 마음대로 학원에 보내고 있다면
그것이 아무리 좋은 의도에서 시작한 일이라도 멈추세요.

March

3

조급해하는 아이에게는 이렇게 전해주세요.
“네가 어떤 선택을 하든
먼저 시간을 두고 차분히 생각하는 게 좋아.
그게 후회할 가능성을 낮춰주는 가장 좋은 방법이니까.”

October

28

공부는 내면의 변화에서 시작됩니다.
하나는 더 이해하고 싶은 마음이고,
다른 하나는 더 알고 싶은 마음입니다.
아이의 내면이 변화해야 비로소 공부를 시작합니다.

March

2

부모 그늘에서만 빛나는 아이보다
세상이라는 넓은 곳에서
태양보다 빛나는 아이가 되게 하세요.

29

교육의 궁극적인 목표는 자신을 제어하고
스스로 내면을 통제할 힘을 길러주는 것입니다.

March

1

아이에게 '좋은 습관'을 가르치는 것도 중요하지만
그보다 '좋은 생각'을 먼저 알려줘야 합니다.
습관은 결국 생각의 합이니까요.

October

30

고요한 곳에서 고독을 즐기는 사람만이
다양한 분위기에도 적응할 수 있습니다.
아무리 맛있는 음식도 계속 먹으면 무감각해지는 것처럼
자극이 계속되면 아이는 무감각해질 뿐입니다.

March

October

지혜의 달

이달의 목표

아이에게 꼭 전해주고 싶은
삶의 지혜 다섯 가지 정리해 보기

31

언제나 나라는 존재에 대해
치열하게 생각하고 질문하는 아이로 키우세요.
생각하지 않는다는 것은 세상에 자신이라는 존재를
움직일 수 있는 핸들을 맡긴 것과 같습니다.

March

30

모든 창조와 예술을 완성하는 힘은
공간과 사물을 진실로 사랑하는 마음에서 나옵니다.
내가 머무는 공간과 그 안에 존재하는 사물을
좀 더 사랑할 수 있는 사람이 되어야 합니다.

September

April

지성의 달

이달의 목표

좋은 글귀를
아이와 함께 필사, 낭독하기

29

당신이 만든 작품을 보며
다들 비웃는다고 걱정하지 말아요.
내가 내 작품을 존중하면 그걸로 충분합니다.

September

1

공부하는 아이의 방을
밝히는 것은 스탠드지만
공부를 향한 마음의 빛을 밝히는 건
부모를 향한 아이의 사랑입니다.

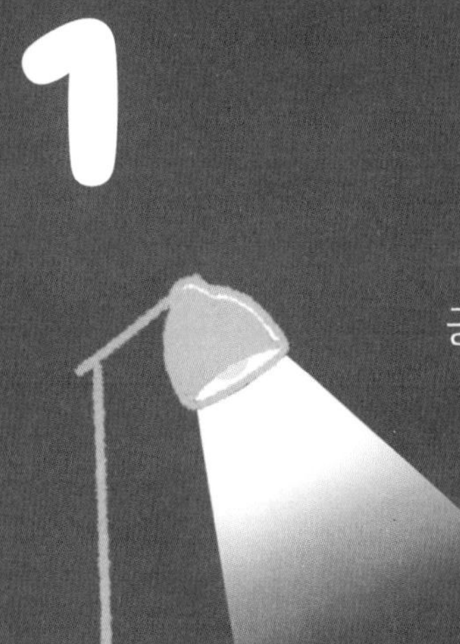

April

28

아이를 키운다는 것은
아이라는 세계를 조각하는
가장 근사한 예술입니다.

September

2

독서는 설명서가 시키는 대로
조립하는 장난감이 아닙니다.
아이가 자신의 흥미가 이끄는 대로
자연스럽게 읽을 수 있게 해주세요.

April

27

아이의 질문을 귀찮아하지 마세요.
질문은 세상에서 가장 순수하고
거짓이 없는 지적 수단입니다.

September

3

돈은 사라져도 지식은 대를 잇습니다.
아이가 영원히 사라지지 않는 지식을 가슴에 품고
지성인의 삶을 살 수 있게 도와주세요.

April

모든 아이가 같은 나무를 보고 그려도
아이들이 그린 나무는 저마다 모두 다릅니다.
다르다는 것이 바로 아이의 가능성입니다.

September

4

아이에게 너무 많은 책을 읽어주면
스스로 생각할 시간을 잃게 되고,
너무 많은 것을 보여주면 오히려 아무것도 볼 수 없습니다.
아이의 삶에 빈 공간을 만들어주세요.

April

25

아이가 예술을 모르고 살게 하는 것은
자신의 가능성을 꺼내지 못한 채
살게 하는 것과 같습니다.

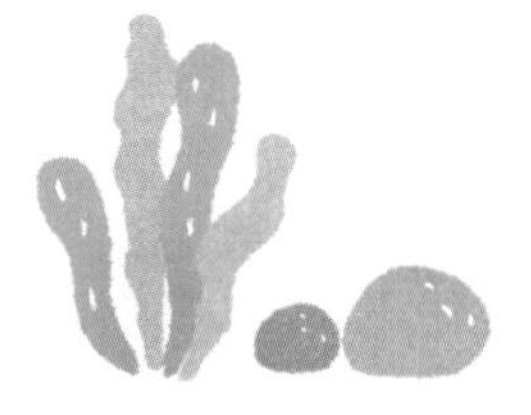

September

5

달려야 할 곳이
어디인지를 아는 사람만이
잠시 멈춰 그곳을 바라볼
여유를 즐길 수 있듯이,
왜 공부해야 하는지 아는 아이만이
거룩한 휴식을 즐길 수 있습니다.

April

24

길을 걸을 땐 집중하며 앞을 바라보세요.
눈으로 본 것과 가슴으로 느낀 것을 마음에 담아보세요.
모든 느낌을 서로 연결하며 사색에 집중해 보세요.

September

6

부부가 일상에서 사랑의 언어를 들려주면
아이는 차곡차곡 사랑의 가치를 배웁니다.
예절과 지성, 그리고 삶을 대하는 태도까지
모두 같은 과정으로 이루어집니다.

April

23

사전을 참고하지 않고 단어를 정의하게 해보세요.
아이는 스스로 정의한 단어만 탐구할 수 있습니다.

September

7

너무 옳은 것만 가르치려고 하면
부모가 먼저 지칩니다.
아이와 같은 편에 서는 것도 필요합니다.
때론 옳은 게 아니라, 좋은 것을 선택하세요.

April

22

식당에서 메뉴를 아이 스스로 선택하게 하세요.
설령 맛이 없거나 실패해도 괜찮습니다.
실패하고 고민하며 섬세한 내면을 갖게 되니까요.

September

8

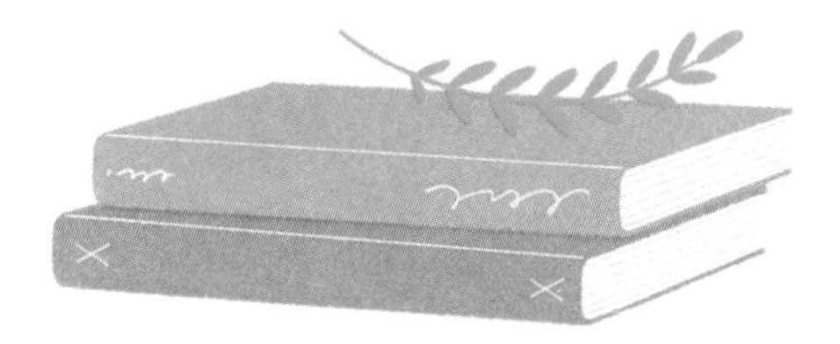

매일 10분이라도 아이와 함께 책을 읽으며
따스한 공감의 시간을 즐겨보세요.

April

21

예술가는 서로의 영역을 허물고 벽을 파괴하고
서로 다른 것들을 자유자재로 연결하고
세상을 마음먹은 대로 바꿀 수 있습니다.

September

9

목표가 바르지 않으면
좋은 과정도 멋진 결과도 기대할 수 없습니다.
당신의 육아 목표는 무엇인가요?

April

20

영감에 지식을 녹이고 자기 생각을 연결하면
세상에 없던 것을 창조할 수 있습니다.
아이의 천재성이 자꾸 지워지는 까닭은
자연이 주는 영감을 느끼지 못하기 때문입니다.

September

10

부모가 아이의 장점을 보면
'잘 자란 아이'가 되지만,
단점만 바라보면 '부족한 아이'가 됩니다.
아이는 부모가 바라보는 대로 만들어집니다.

19

같은 자리에서
지루함을 견디는 힘을 길러주세요.
기초가 튼튼해야 원하는 것을
할 수 있으니까요.

September

11

부모의 대화를 옆에서 아이가 지켜보며
귀와 마음에 담고 있다는 사실을 잊지 마세요.
아이들은 당신의 대화를 들으며
'마음을 표현하는 법'과 '말하는 태도'를 배우고 있습니다.

April

18

사랑하는 연인을 바라보듯 언어를 섬세하게 다뤄보세요.
부모의 언어는 아이의 삶에 촘촘히 박혀
아이의 내일을 빛나게 만드는 일상의 마법이니까요.

12

'때문에'를 '덕분에'로 바꾸면
부모와 아이의 어휘력이 풍성해지고
사는 세상이 바뀝니다.

April

17

호기심과 집중력이 강한 아이는
언제나 어딘가 빠질 준비가 되어 있습니다.
'중독' 대신 '몰입'이라는 감정을 꺼내 듭니다.

September

13

지적 성취 능력을 기르기 위해서는
단어를 제대로 정의해야 합니다.
부모가 아이에게 단어만 잘 정의해 줘도
아이는 스스로 공부하며 자기 길을 개척할 수 있습니다.

April

16

아이가 시를 즐기게 하세요.
그저 암기하는 것에서 벗어나
노래처럼 자유롭게 낭독하며,
온전히 느낄 수 있게 해주세요.

September

14

일상이 배움이고
배움이 곧 일상이라는 의미를 알면
아이는 공부에 재미가 붙고 성취감을 느끼며
현실에 유용하다는 것도 알게 됩니다.

April

15

우리에게 필요한 것은
이미 주변에 존재합니다.
없는 것을 애써 찾는 게 아니라
있는 것을 발견하려는
마음이 필요합니다.

September

15

부모에게 없는 것을 아이에게 줄 수는 없습니다.

April

14

아이는 누구나
천재성을 가지고 태어납니다.
자기 삶에서 무언가를 목표로 삼고,
그것을 가장 창의적인 방법으로
해결할 능력이 있다는 뜻입니다.

September

16

흠을 바라보지 말고
빛나는 곳을 바라보세요.
아이의 빛을 발견하고
그것을 키워주는 것은
부모가 할 수 있는
가장 아름다운 일입니다.

April

13

돈으로는 아이의 재능을
모두 깨울 수 없습니다.
결정적인 역할을 하는 것들은
돈으로 할 수 없는 것들입니다.
중요한 것은 사랑입니다.

September

17

아이의 과정을 바라보며 격려한다면,
좀 더 큰 아이로 키울 수 있습니다.
“많이 노력한 거 다 알고 있어.”

April

12

시작과 과정에 모든 것을 담아보세요.
결과에 집착하는 마음은
언제나 우리를 불안하게 합니다.

September

18

날카로운 말을 하면
부모 자신이 가장 힘듭니다.
아이를 위한 것은
부모를 위한 것이기도 합니다.

April

11

깊은 예술의 혼을 지닌 예술가는
그것을 알아보는 안목을 지닌
관찰자가 필요합니다.
중요한 건 관찰하려는 의지입니다.

19

부모는 자신에게 관대해져야 합니다.
아이의 실패는 부모의 잘못이 아닙니다.
아이를 다른 누군가와 비교하고
굳이 평가할 필요도 없습니다.

April

10

어디에서든 배울 수 있는 사람은
수많은 곳에 자신의 집을 마련한 사람입니다.
그런 사람은 어느 자리에 있어도 주인으로 살며
어떤 환경에서도 빛나는 것을 발견합니다.

September

20

부모의 말은 아이가 힘을 낼, 가장 아름다운 근거입니다.

April

9

무엇이든 배우려는
학생의 마음을 가지면
모든 말에서 창조의 영감을
발견할 수 있습니다.

September

21

미움은 부자연스러운 감정이고,
사랑과 이해는 우리를 빛낼 자연스러운 감정입니다.
그걸 아는 아이는 스스로 배우는 습관을 들이게 됩니다.

April

8

이기려고 하지 말고
함께하려는 마음을 가르치세요.

September

22

가르칠 수 있는 순간을 포착하세요.
아이의 질문에 적절한 답을 하고,
방금 아이가 한 행동에서
무엇을 배울 수 있는지
알려주는 것도 때가 있습니다.

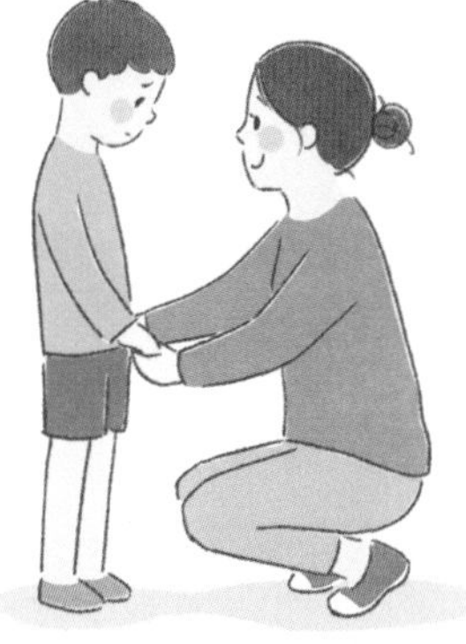

April

7

MY STORY.

인간은 자신의 생각을 기록하며
더 나은 사람으로 성장합니다.
아이가 관찰한 것을 기록하게 해보세요.
아이만의 시각으로 새로운 것을 찾아낼 거예요.

23

아이에게 집은
가장 따스한 공간이어야 합니다.

April

6

예술 작품을 바라볼 때
외형보다는 그 안에 깃든 영혼을 바라볼 수 있어야 합니다.
눈에 보이는 것은 모두의 것이지만
보이지 않는 것은 나만의 것이기 때문이죠.

September

24

어둠 속에서도 빛을 바라볼 수 있다면
우리는 언제나 배울 수 있습니다.
어떤 상황에서도 '더 희망적인 것'을 바라보세요.

April

5

자기 생각을 믿고 그것을 삶에서 실천하는 아이는
자신을 가두고 있는 단단한 틀을 깰 수 있습니다.

September

25

부모는 가정의 행복을 위해서
단어를 골라서 쓸 수 있는 사람입니다.

April

4

아이에게 예술을 보여주기 위해
굳이 멀리 떠날 필요는 없습니다.
창문을 열고 풍경을 가슴에 담아주세요.
보이는 것이 아닌 담는 것이 곧 자신의 것이니까요.

September

26

자신이 품은 희망을 믿는 부모는
아이에게 희망을 주는 말을 하며 삽니다.
그런 말을 듣고 자란 아이의 공부는
다른 아이의 공부와 모든 부분이 다릅니다.

April

3

아이의 삶을 구하는 것은
한 가닥의 예술입니다.

September

27

몰라서 얼마나 좋은가요,
이제 알 일만 남았으니.
서툴러서 얼마나 좋은가요,
이제 익숙할 일만 남았으니.
배운 게 아니라 얼마나 좋은가요,
이제 깨달을 일만 남았으니.

April

2

아이는 무언가
새로운 걸 만드는 과정을 좋아합니다.
하지만 그보다 더 좋아하는 게 있습니다.
만든 것을 부모에게 보여주며
함께 이야기를 나누는 것입니다.

September

28

부모의 충분한 사랑을 받고 있다는 사실을 알 때,
아이는 스스로 책상에 앉아 무언가를 배웁니다.
그것이 세상에서 가장 거룩한 공부입니다.

April

1

부모가 시처럼 살면
아이는 자기 삶의 시인이 됩니다.

September

29

아이가 공부를 하는 이유는
진실과 거짓, 정의와 도덕, 일상의 기품 등
살면서 반드시 필요한 것들의 균형을
가장 적절하게 맞추기 위해서입니다.

April

September

예술의 달

이달의 목표

아이와 함께
공연이나 전시를 관람하기

30

행복하게 공부하는
모든 사람들은 어떤 상황에서도
웃을 수 있는 이유가 있습니다.
이유가 분명한 공부는 멈추지 않습니다.
아이에게는 그 이유가 필요합니다.

April

31

아이가 단순히 혼나지 않기 위해 산다면
순수한 창의성은 사라집니다.
가장 빠르게 할 수 있는 방법이
타인의 것을 베끼는 삶이기 때문이죠.

May

독서의 달

이달의 목표

아이와 도서관에서
각자 읽고 싶은 책을 빌려오기

30

세상에 사소한 것은 없습니다.
사소하다고 생각하는 사람만 있을 뿐입니다.

August

1

결국 인생은 읽은 만큼 쌓입니다.
당신이 아이에게 보여준 일상의 페이지가 쌓여
아이의 인생을 구성하는 한 권의 책이 됩니다.

May

29

아이에게
다른 가능성을 허락하는 부모가
다른 미래를 발견하게 만들 수 있습니다.

August

2

독서는 자신과 하는 놀이입니다.
자존감이 낮은 아이들은
독서하며 오랜 시간을 보내지 못합니다.
놀이의 대상인 자신을 사랑하지 않으니
버틸 수가 없는 것입니다.

May

28

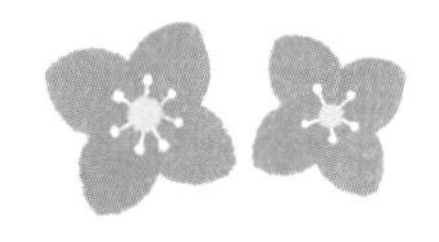

아이가
핑계를 대지 않게 하세요.
친구의 성공을 비난하지 않게 하세요.
바로 그것이 자신에게
엄격한 사람으로 키우는
최선의 방법입니다.

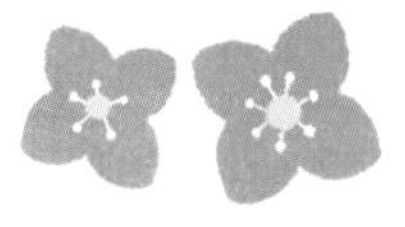

3

말꼬리를 잡는 건 나쁜 일이 아닙니다.
아이의 어휘력은 부모의 말꼬리를 잡으며 성장하니,
다양한 답이 나올 수 있는 말을 아이에게 많이 나눠주세요.

27

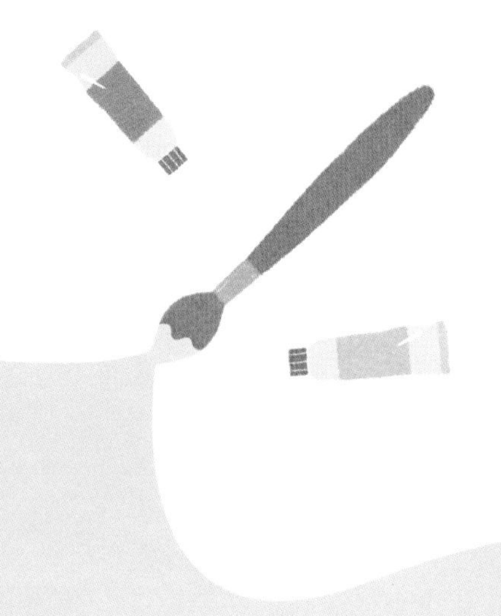

모든 공간을 부모가 다 채우려고 하면,
아이는 자신에게 부족한 게 무엇인지 모르게 됩니다.
아이가 스스로 자신을 채울 수 있게 믿고 기다려주세요.

August

4

아이가 부모에게 다가와 끝없이 이야기를 속삭이는 것은
방금 읽은 책에서 무언가를 배웠다는 증거입니다.
아이의 말에 귀를 기울여 보세요.

May

26

자녀교육의 끝은 자신과 아이를 믿고
차분한 마음을 유지하는 것입니다.

August     

5

아이가 책을 많이 읽게 하세요.
그러나 그것은
책의 숫자를 말하는 것이 아닙니다.
질문을 바꾸면 같은 책에서도
다른 지혜를 얻을 수 있습니다.

May

25

매일 당신을 괴롭히는 감정을 글로 써보세요.
그건 매일 더 나은 사람이 된다는 의미입니다.

August

6

좋은 글을 읽는 아이는
따로 문법을 배울 필요가 없습니다.
이미 매끄러운 문장을 수천 번 넘게 읽으며
몸으로 체득했기 때문입니다.

24

여행을 떠난 아이에게
필요한 건 가이드가 아닙니다.
사진 찍기 좋은 곳을 소개하는 역할은
부모가 할 게 아닙니다.
부모는 아이가 스스로
사색할 수 있도록 도와줘야 합니다.

August

7

말은 미리 부르는 우리의 미래입니다.
가장 예쁜 말로 가장 예쁜 미래를 부르세요.
예쁜 미래는 부르는 자의 것입니다.

May

23

아이의 가능성을 쉽게 재단하지 마세요.
부모가 잘라버린 가능성은 버려져 사라지지만,
믿고 지지하면 아이의 가능성은
꽃처럼 활짝 피어납니다.

August

차분히 책을 읽는다는 것은
아이가 자신을 알아가고 있다는 증거입니다.

May

22

꽃은 옆에 핀 꽃과
경쟁하지 않습니다.
그저 자신의 꽃을
피어내면 되니까요.

9

책은 끝을 보는 것이 아니라
멈추기 위해 읽어야 합니다.
멈추지 않고 끝까지 읽었다는 것은
느낀 것이 하나도 없다는 뜻입니다.
생각하며 스스로 깨닫는 아이는 자주 멈춰 질문합니다.

May

21

부모가 상상하는 만큼
아이는 성장합니다.

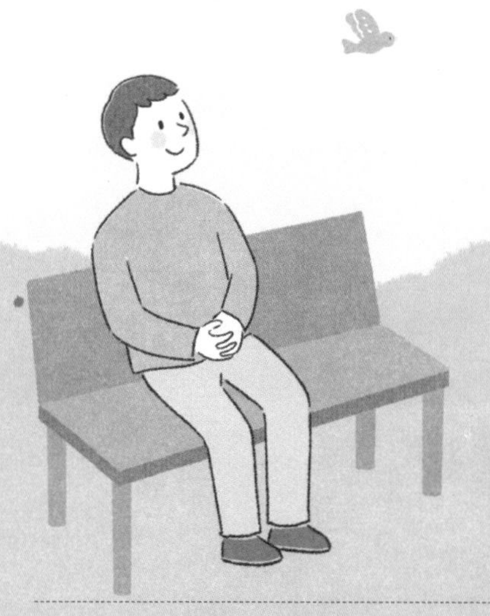

August

세상의 모든 단어는 배우는 것이 아니라
차분하게 스스로 깨우치는 것입니다.
아이는 진정으로 깨우친 단어만 기억합니다.

May

20

주어진 상황에서
가장 적절한 것을 창출하는 창의력과
완전히 새로운 것을 생각해 내는 창의성을
모두 가질 수 있다면 아이에게
세상은 가장 재미있는 놀이터입니다.

August

11

한 사람의 언어 수준은
그가 앞으로 볼 세계를 결정합니다.
아이가 앞으로 만날 세계는
부모가 보여준 언어의 수준을 통해서
하나하나 결정되고 있습니다.

May

19

자기표현력이 뛰어나다는 것은
단순히 말을 유창하게 하고
글을 잘 쓰는 게 아니라,
'제대로 선명하게'
자신의 뜻을 전하는
상태를 말합니다.

August

12

아이에게 책을 쥐여주지 말고
스스로 잡게 하세요.
그 짧은 순간이 아이의 인생을 바꿀
중요한 기점이 될 수 있습니다.

May

화려한 환경과 뛰어난 재능이 아닌,
단단한 생각이 세상으로부터
자신을 지키는 튼튼한 방패입니다.

August

13

그만 묻고, 그만 확인하세요.
편협한 독서는 아이를 좁은 세상에서
제대로 숨 쉬지 못하게 만듭니다.
아이의 독서를 퀴즈 대회로 만들지 말고,
자기만의 생각을 정립하는 시간으로 두세요.

May

17

중요한 건 부모의 답이 아니라 아이의 생각입니다.
그것보다 더 중요한 것은 아이가 자신의 생각을
상대방에게 설명할 수 있어야 한다는 사실입니다.

August

14

모든 독서는 스스로 시작하고 스스로 끝내야
자신만의 무기가 됩니다.

May

16

아이들은 이미 모든 것을 갖고 있습니다.
따로 무언가를 만들 기술이 필요한 게 아니라
그저 안에 숨어 있는 잠재력을 꺼내기만 해도 충분합니다.

15

독서는 모든 것을 가능하게 만드는 마법입니다.
우리를 어디든 갈 수 있게 하고,
아무리 퍼내도 지식이라는 보석이 계속 나오기 때문입니다.

May

15

영재란 자기만의 길을 가는 아이를 말합니다.
아이가 스스로 길을 찾아 나설 수 있게 하세요.
스스로 선택한 시작일 때, 한 걸음을 걸어도
빛을 발하는 것이니까요.

August

16

오늘 아이와 내가 쌓은 지식은
실천을 통해 지혜가 될 것이고,
세상을 돕는 데 쓰일 겁니다.
우리의 생각은 보석보다 빛납니다.

May

14

아이에게 마감일을 정해주지 마세요.
시간제한이 없어야 압박감을 느끼지 않습니다.
'더 좋은 방법이 없을까?' 하고 스스로 질문해야
더 나은 해결책을 찾을 수 있습니다.

August

17

너무 높은 곳에 배움을 두지 마세요.
자주 갈 수 있는 동네 공원이라고 생각해 보세요.
그래야 쉽게 접하고 실천할 수 있으니까요.

May

13

학교에서는 아이에게 상식을 가르치지만
그것만으로는 부족합니다.
상식에서 벗어나야 새로운 것을 창조할 수 있기 때문입니다.

August

18

책을 굳이 많이 사줄 필요는 없습니다.
많이 있으면 하나도 제대로 모르게 됩니다.
위대한 창조자는 많이 읽는 사람이 아니라
다르게 읽는 사람입니다.

May

12

우리가 인공지능을
두려워하는 이유는
결과에만 집착하기 때문이죠.
인간이 인간다운 이유는 과정에 있습니다.
교육은 결과보다 과정이 중요합니다.

August

19

열 권의 책을 한 번씩 읽는 것보다
한 권의 책을 열 번 읽을 때,
아이는 깊고 넓은 생각을 시작하며
분야를 넘나드는 통찰을 하게 됩니다.

May

11

부모가 너무 앞서 나가면 아이가 부모처럼 됩니다.
같은 사람을 하나 더 만드는 것이죠.
그럼 아이는 자기만의 색과 모양을 잃게 됩니다.

August

20

세상에서 가장 강인한 내면을 가진 사람은
홀로 앉아 아무것도 하지 않고도
긴 시간을 보낼 수 있는 사람입니다.
그래서 독서는 가장 강한 자의 지적 도구입니다.

May

새로운 일은 일어나는 게 아니라,
스스로 찾아내는 것입니다.

August

21

세상에서 가장 아름다운 독서는
아이의 마음을 읽는 시간에 이루어집니다.
그동안 꽃밭이 되니까요.

May

9

좋은 결과가 행복의 열쇠가 아니라,
좋은 과정이 행복의 열쇠입니다.
아이가 충분히 기뻐한다면 그 결과를 걱정하지 말아요.

August

22

아이에게 필사와 낭독의 가치를 알려주세요.
글을 직접 써보고 소리 내어 읽으면
비로소 마음에 깊이 새겨집니다.

아이에게 집중하는 부모만이
아이만의 몰입법을 찾아낼 수 있습니다.

August

23

아이가 일상을 가치 있게 생각해야
“읽은 내용을 어떻게 삶에 연결할 수 있을까?”라는
사색을 할 수 있습니다.

May

7

창조자의 눈을 가지려면
'보려는 마음'을 가져야 합니다.
아이가 영화를 시청하고,
좋아하는 음악을 감상하며 길을 걸어갈 때,
"여기에 뭔가 있다!"라는 생각으로
새로운 것을
발견할 수 있게 해주세요.

24

아이의 정신을 영원토록 고귀하게 하는 것은
읽은 책의 숫자가 아니라 마음에 담은 하나의 문장입니다.

May

6

"무슨 차이가 있는 걸까?"라는 질문을
아이에게 던져주세요.
그럼 아이는 자신만의 답을 찾으려 노력합니다.

August

25

가치를 아는 사람은 결코 멈추지 않습니다.
자꾸 책을 읽으라고 강요하지 말고,
부모가 먼저 독서가 무엇인지 정의해 보세요.
그리고 아이에게 읽어야 할 이유와 가치를 알려주세요.

May

5

창조는 혼자 있을 때 이루어집니다.
세상과 멀어지면 귀와 눈이 열립니다.
보이지 않았던 것을 보고 들리지 않았던 소리를 듣게 되죠.

August

26

사람의 좋은 습관은
좋은 책보다 위대합니다.

May

4

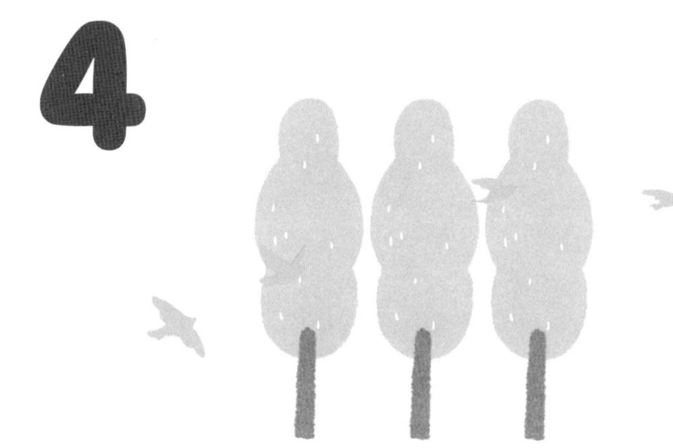

아이가 여기저기로 움직이며 무언가를 말할 때
"조용히 해, 가만히 좀 있어!"라고 말하는 건
"이제 그만 생각을 멈춰!"라고 외치며
아이의 창조성을 말살하는 것과 마찬가지입니다.

August

27

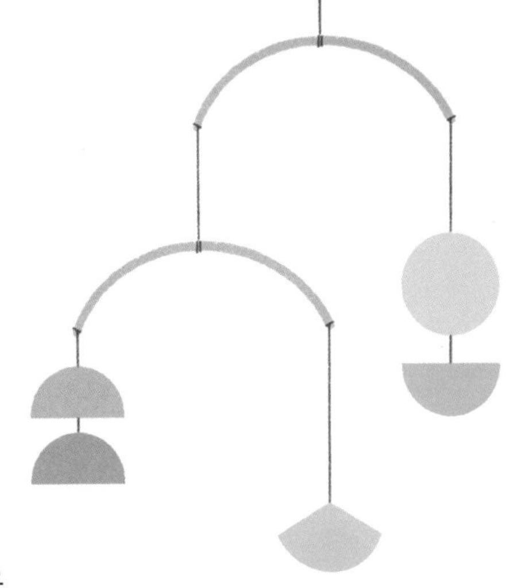

단순히 바라보는 시선을
다른 높이로 바꾸는 것만으로
아이의 시각을 완전히 새롭게 만들 수 있습니다.
독서는 시선의 예술입니다.

May

3

중요한 것은 남들보다
열 가지를 잘하는 게 아니라
하나라도 다르게 하는 것입니다.
내 아이가 가진 특별한 하나를 찾아보세요.

28

독서는 가장 근사하고 지적인 게임입니다.
질문과 호기심이라는 아이템만 들고 있다면
누구든 원하는 것을 쉽게 발견할 수 있기 때문이죠.

May

2

부모의 사랑이 충만하면
아이는 자신을 증명하려고 애쓰지 않습니다.

August

29

아이가 고른 책이 부모 마음에 들지 않는다고
자꾸만 다른 책을 권하는 건
“네 선택은 쓸모가 없으니, 내가 고르는 걸 읽어!”라고
말하는 것과 같습니다.

May

1

창조적 일상을 산다는 것은
다른 것을 바라보는 '시선의 이동'이 아니라,
같은 것을 다르게 바라볼 수 있는
'시선의 다양성'을 갖는 일입니다.

August

30

책을 읽기만 하고 치운다면,
강의를 듣기만 하고 기록하지 않는다면,
그 모든 시간은 그냥 사라집니다.

May

August

창조의 달

이달의 목표

아이가 그린 그림으로
거실에 전시회를 열어보기

31

아이가 지루함을 느낀다는 것은,
아이만의 시각을 단련할 때가
바로 지금이라는 사실을 의미합니다.

May

31

부모도 길을 잃을 수 있고,
또 아이에게 분노할 수도 있습니다.
하지만 사랑한다면 큰 문제가 없습니다.
사랑하는 사람은 길을 잃지 않으니까요.

July

June

진리의 달

이달의 목표

아이와 함께
자연을 관찰하기

30

세상에는 못되게 말하는 사람도 있습니다.
하지만 그게 내가 다정하지 않아도
괜찮다는 이유가 될 수는 없습니다.
다정한 말은
나 자신을 위한 거니까요.

July

1

시간을 제대로 사용하면 훗날 시간의 보필을 받고,
사랑을 뜨겁게 전하면 훗날 사랑의 보필을 받으며,
사람을 귀하게 여기면 훗날 사람의 보필을 받습니다.

June

29

'혼자'를 뜻하는 영어 단어 'alone'은
원래 'all one', 즉 '완전한 하나'를 의미합니다.
우리는 '어쩔 수 없는 혼자'가 아니라
'완전한 하나'로 존재합니다.

2

세상이 말하는 불가능은 우리의 것이 아닙니다.
불가능이라는 말은 우리 가족과 어울리지 않죠.
나의 가능성은 내가 결정합니다.

28

대화가 통하는 가정은 아름답습니다.
그건 '가족이라는 강'에 사랑이 흐르고 있다는
사실을 증명하기 때문입니다.

July

3

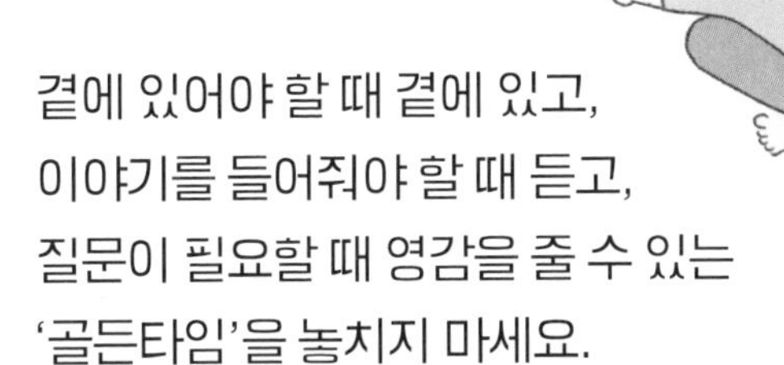

곁에 있어야 할 때 곁에 있고,
이야기를 들어줘야 할 때 듣고,
질문이 필요할 때 영감을 줄 수 있는
'골든타임'을 놓치지 마세요.

June

27

당신이 아이만 했을 때
정말로 듣고 싶었던 말을
지금 아이에게 들려주세요.

July

4

모든 사람은 어떤 문제가 생겼을 때,
해결책보다는 공감을 원하게 되죠. 아이도 마찬가지입니다.

June

사랑의 이치는 매우 간단합니다.
"부모가 사랑을 들려주면, 아이는 사랑을 느낍니다."

July

5

아이 삶의 결정권자는
아이 자신이어야 합니다.

June

25

아이의 이야기를 거만한 자세로 듣거나
공공장소에서 아이에게
소리치지 않습니다.
아이를 대하는 부모의 태도가
아이의 인생을 결정합니다.

July

6

당신이 제대로 못하는 게 아니고,
육아가 원래 어려운 것입니다.

June

24

하찮다고 생각하는 일에 정성을 담는 것.
다른 사람과의 차이를 만드는 최고의 방법입니다.

July

7

지금 아이는 실수나 실패한 게 아니라,
배워야 할 것을 찾은 것뿐입니다.

June

23

어떤 경우에도
남의 집 아이와 비교하지 마세요.
아이들은 비교당한 경험을
평생 기억합니다.

July

8

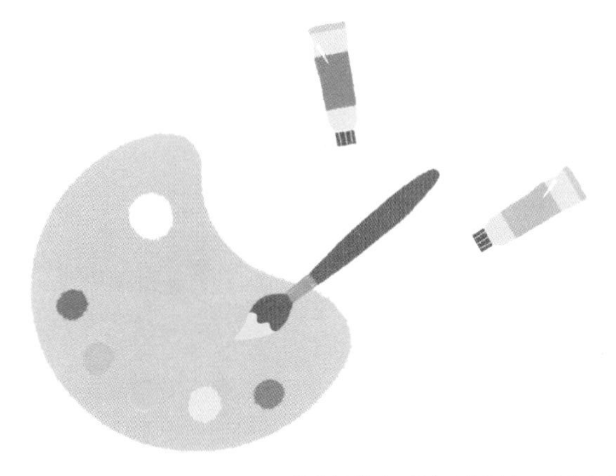

세상에 느린 아이는 없습니다.
아이는 느린 게 아니라,
바다처럼 깊어지고 있는 것입니다.

June

22

딴짓은 내가 가장
좋아하는 일이 무엇이고
그때 내 표정과 느낌은 어떤지,
자신을 발견하는 시간입니다.
아이가 언제나 즐겁게 딴짓을 할 수 있게 도와주세요.
그것이 가장 근사한 진로 상담입니다.

July

9

우리는 사랑하는 사람에게서만
무언가를 배울 수 있습니다.
아름다운 관계를 원한다면,
언어에 사랑을 담아주세요.

June

21

아이에게는 "네가 늘 행복하면 좋겠어"라고 말하면서
배우자에게는 늘 화만 내고 있다면,
아이는 부모의 말에서 진정성을 느끼기 힘듭니다.

July

10

아이의 시선으로 생각하면
아이의 재능이 보입니다.

June

20

하루 행복하자고 99일을 참아야 한다면
그게 과연 행복한 삶이라고 말할 수 있을까요?
매일 자주 웃으며 햇살처럼 사세요.

July

11

아이에게 그 나이에 맞는
삶을 허락하세요.
추억이 많은 아이로 키우세요.

June

19

아이는 공감하는 만큼 자신의 세계를 확장합니다.

July

12

자연에 계절이 있는 것처럼 인생에도 계절이 있습니다.
지금 아이에게 해줄 수 있는 일을 뒤로 미루지 마세요.

June

18

고통을 견딜 수 없는 사람은
아무것도 얻을 수 없습니다.
겨울을 견딘 자만이 봄을 맞을 수 있죠.
무지개를 볼 수 있는 자격은
비를 맞은 사람에게만 허락됩니다.

July

13

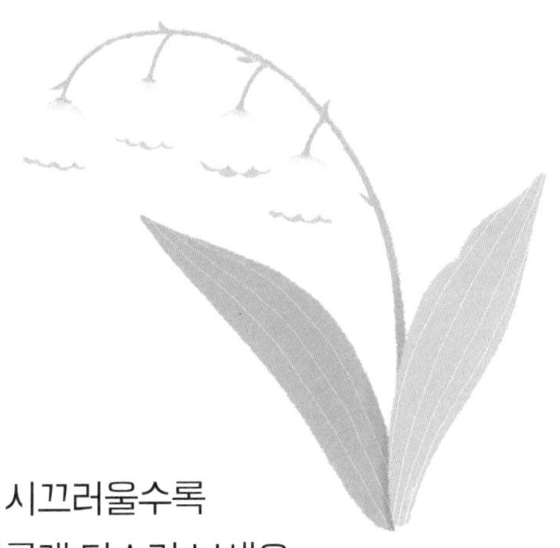

온갖 조언으로 주변이 시끄러울수록
당신의 마음을 더 평화롭게 다스려 보세요.
한없이 차분한 상태를 유지하면 길이 보입니다.

June

17

매일 소중한 나의 일상을 글로 적으면
자신의 생각을 정확하게 표현할 방법을 알게 됩니다.
일기를 쓰며 자신의 마음을 들여다보세요.

July

14

무언가를 제대로 안다면 실천하지 않을 수가 없습니다.
실천이 없는 말과 글은 아직 모른다는 증거입니다.
앎은 곧 실천입니다.

June

16

'큰소리'와 '단호한 음성'은 꼭 구분해야 합니다.
아이가 꼭 지켜야 하는 규칙을 알려줄 때
부모에게 필요한 건 단호함이지 큰소리가 아닙니다.

15

부모가 아이에게 사랑의 언어를 전하면,
그걸 듣고 사랑의 가치를 깨달은 아이가
다시 부모에게 예쁘게 웃으며 사랑의 언어를 전하게 됩니다.

June

15

성공은 남에게 인정을 받는 것이고,
성장은 자신의 인정을 받는 것입니다.
아이가 성장하는 삶을
자주 경험하게 해주세요.

July

16

아이 스스로 자신이 머무는 공간을 관리해야
일상의 탐구력을 발산할 수 있습니다.

June

아이와 있을 때
“별거 없네, 별거 아니네”라는 표현보다
“여기에 뭐가 있네”라는 표현을 쓰세요.
깊은 눈으로 사물을 바라봐야 본질이 보입니다.

July

17

꽃이 피는 이유는 꽃 안에 피어날 수 있는
모든 재료가 갖춰져있기 때문입니다.
갑자기가 아니라 봄부터 철저하게 준비된 것이죠.
자연에서는 어떤 것도 저절로 이루어지지 않습니다.

June

13

아이가 집에서 늘 부모만 바라보고 있을 때,
다가가 꼬옥 안아주세요.
시간은 지금 이 순간에도 점점 흐르고,
아이는 점점 멀어질 준비를 하고 있습니다.

July

18

모든 부모는 자신의 권위적인 모습을 버릴 때,
비로소 아이를 진실로 이해할 수 있는
눈높이가 맞는 시선을 가질 수 있습니다.

June

12

말하지 않으면 알 수 없고, 쓰지 않으면 구분할 수 없습니다.
그러므로 마음은 말로 표현해야 하고,
배운 것은 글로 써야 합니다.

July

19

세상에는 좋은 교사가 많지만
부모 이상이 될 수는 없습니다.
교사는 가르치고 떠나지만
부모는 절대 아이 곁을 떠나지 않습니다.

June

11

사람은 주변에 있는
사람에 의해 조금씩 변해갑니다.
그래서 우리는 가장 위대한 정신을
가진 사람에게 배워야 합니다.
그 사람이 부모가 될 때,
아이의 삶도 위대해집니다.

20

아이는 부모가 사랑하는 만큼 성장합니다.
그래서 사랑을 받고 자란 아이는 다르죠.
어떤 어려움 속에서도
자신의 가능성을 발견하니까요.

June

10

아이는 자기주장을 통해서
자신이라는 존재를 완성합니다.
이때 방황하는 아이를 다정한 말과
아름다운 태도로 멋지게 이끌어주세요.

July

21

지식은 함께 배우는 것이지만
지혜는 혼자 있는 공간에서
스스로 깨닫는 것입니다.

9

부모의 철학이 선명해지면
아이가 살아갈 인생도 선명해집니다.

July

22

마음의 상처를 치유하기 위해
과거의 나를 돌아보는 일도 중요하지만,
핵심은 바로 지금 여기에 있다는 사실을 잊지 마세요.

June

8

빠르게 뛰기 위해서는
빠른 걸음을 익히는 게 먼저입니다.
처음부터 원하는 속도로
달릴 수 있는 사람은
없으니까요.

23

아이가 식탁에서 배우는 어휘량은
무려 책을 읽을 때의 열 배가 넘습니다.
아이의 모든 위대한 변화는 식탁에서 시작됩니다.

June

7

아이는 언제나 부모와 함께 간 '장소'가 아니라,
부모와 함께 있던 '순간'을 소중하게 기억합니다.

July

24

스스로 빛나는 자부심을 가지세요.
당신의 자부심이 곧 가정의 자부심입니다.

June

6

어떻게든 가르치려고 하지 말고
좋은 부분을 발견해 자연스럽게 전해주세요.
아이는 부모가 내 편이라는 사실을 알 때
행복을 느끼며 다시 시작할 용기를 낼 수 있으니까요.

July

25

아이와 함께 조용히 무언가를
관찰하는 시간을 자주 가지세요.
아이는 조금 더 치밀하게 생각하고
완벽하게 행동할 것입니다.

June

5

아이가 자연을 온전히 느낄 수 있다면
자기 안에 존재하는
천재성을 꺼낼 수 있습니다.

July

26

고독과 친구가 될 수 있는 아이는
세상 모든 것과 친구가 됩니다.
홀로 남아 무언가를 생각하는 아이를 방해하지 마세요.

June

4

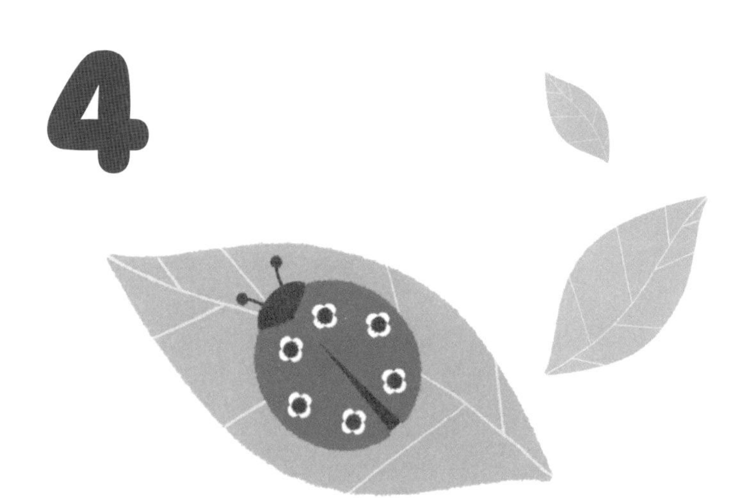

기준은 언제나 자신에게 있습니다.
내가 만족할 수 있는 하루를 보낸다면
그게 바로 최고의 하루입니다.

July

27

아이를 기르는 부모의 마음이 아픈 이유는 무엇일까요?
아이의 삶을 소유하려 하기 때문입니다.
아이의 시간과 행동, 작은 영감까지도
통제하려 하는 욕심 때문입니다.

June

3

마트에서 물건을 살 때도, 라면에 파를 넣을 때도,
심지어 거리를 걸을 때도 우리는 아이에게
지식과 그 의미를 가르칠 수 있습니다.

July

28

세상에 어른스러운 아이는 없습니다.
'어른'이라는 이름의 프로그램이 주입된
삶을 살고 있을 뿐입니다.
아이가 새처럼 자유롭게 날도록 도와주세요.

June

2

수백 가지 자녀교육 비법보다 중요한 건
내 아이를 믿는 마음 하나입니다.
부모의 믿음이 곧 아이가 걸어갈 길입니다.

July

29

부모는 아이의 하루를 평가하는 심판이 아니라,
일상이라는 경기장을 함께 뛰는 선수입니다.

June

1

삶의 의미와 목적을 아는 아이는
흔들리지 않습니다.

July

30

세상과 주변 사람을 넓은 마음으로 바라보세요.
마음이 넓은 사람은 세상일에 쉽게 휘둘리지 않으니까요.

June

July

철학의 달

이달의 목표

나만의
자녀교육 철학 세우기

ISBN 979-11-93842-10-2 00590
값 20,000원